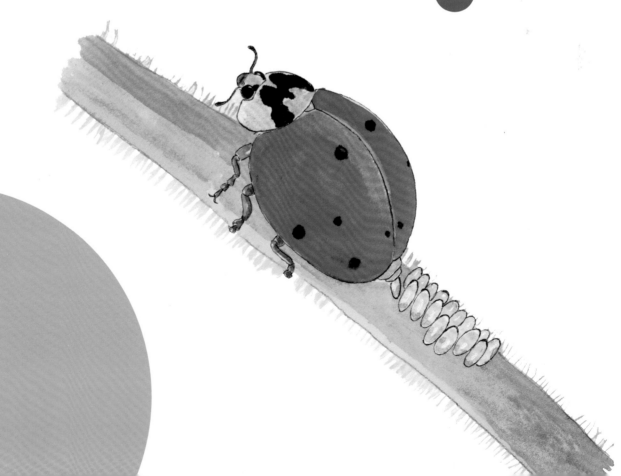

别惹我，我是角斗士：甲虫观察

文／金杏宝　图／徐晓璇

中国中福会出版社

　　亲爱的小朋友，你可知道，在我们居住的这个星球上，什么动物最多？是猫咪、狗狗这样的哺乳类动物，麻雀、鸽子这样的鸟类动物，还是鲫鱼、鲤鱼这样的鱼类动物？都不是，地球上最多的动物，是最不起眼的小虫子，对，就是苍蝇、蚊子、蚂蚁、蟑螂这些小家伙。昆虫占了整个动物种类的80%。

　　那在昆虫这个大家族中，谁的种类最多呢？当然是我呀！我叫甲虫，顾名思义，就是身上穿着盔甲的虫。我体壁坚硬，有革质的鞘翅，荤的、素的，样样都吃，打架也是特别在行。今天，就让你来认识我们几位威风凛凛的角斗士吧。

来找我们做朋友吧！

甲虫观察须知

每一种动物都有特别的地方，关于甲虫，你需要事先了解以下事实：

1. 甲虫的成虫大多有坚硬的外壳，还会有角和刺，你得小心，别被扎痛；

2. 不少甲虫有假死或装死的特技，不要被骗；

3. 有些漂亮、奇特的甲虫会与朽木、粪便打交道，不能怕脏；

4. 有些甲虫只在晚上出现，不要怕黑；

5. 有些甲虫很小，要用放大镜细细观察才能看清楚。

双叉犀金龟

学名: *Allomyrina dichotoma*

俗名: 独角仙, 兜虫

特征: 雌、雄通体红褐色, 体型粗壮, 体长 35–60 毫米, 有油漆光泽。雄虫头顶有一巨大的二回分叉的角状突起, 前胸背板有一短的分叉突起。雌虫体小, 头、背无角。雄虫好斗, 力大无比, 能举起自身体重 100 倍的物体。

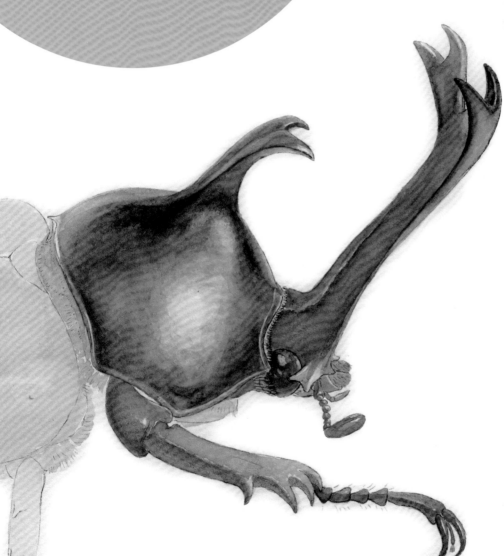

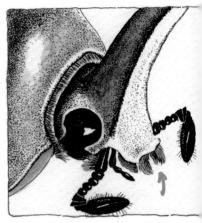

用来搂扫食物的一对颚须

头上的叉子

背上的刺

我, 头上长角, 背上长刺, 人称独角仙。只是仙气没有, 霸气倒是有点。我浑身锃亮, 好像涂了橄榄油的角斗士。

在昆虫界，谁见了"独角兽"——独角仙都要退避三舍。不然的话，决一死战吧，我可不是吓大的。

想见识成年的我，你就到林子里来吧。

一言不合？打！

抢我女友？打！

独角仙先生

白天我在树林里睡大觉，日落以后就四处游荡，寻找伴侣。

如果你想找到少年的我去有枯枝落叶的泥土中碰碰运气吧。

独角仙小姐，没有角和刺。

每粒卵都有一个单独的小房间。

幼虫的食物——林下的泥土，这些泥土是落叶和木头变成的，非常有营养。

见到我英俊魁梧的模样，你动心了吗？在许多爱好者家里，都有我的地盘。有心人还会为我配上女友，怪不好意思的。

如果我们活得滋润，过得愉快，你就有机会看到我们的小宝宝，可以观察宝宝成长的蜕变过程了。

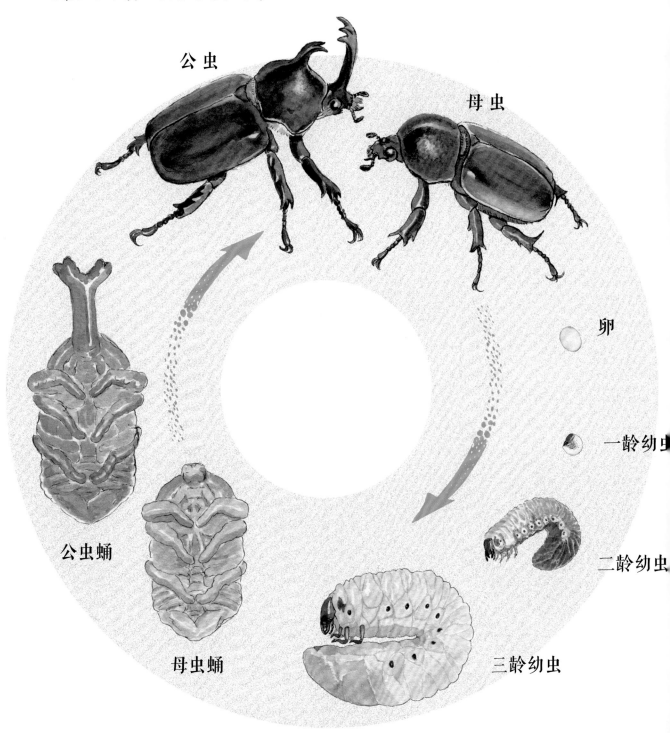

公虫

母虫

卵

一龄幼虫

二龄幼虫

三龄幼虫

母虫蛹

公虫蛹

经历孵化、三次蜕皮、化蛹，一个崭新的独角仙亮相。

当然，你也可以网购虫卵，跟踪和记录宝宝从卵、幼虫、蛹到成虫的全过程。

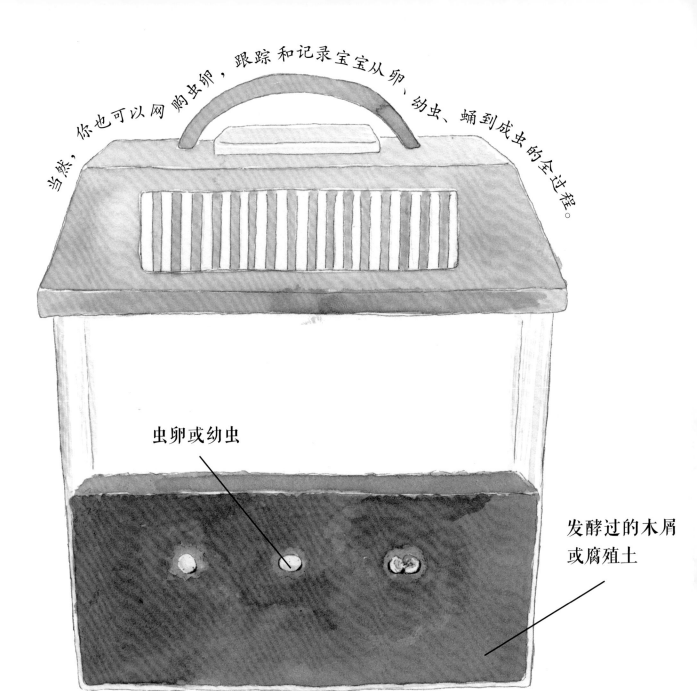

虫卵或幼虫

发酵过的木屑
或腐殖土

步骤是这样的：

    1. 网购一只专门的独角仙饲养笼或其他塑料盒，确保有透气孔；

    2. 将发酵过的木屑或腐殖土放在底部，将虫卵或幼虫放在木屑层中间；

    3. 经常洒水，保持木屑潮湿。

　　我是锹甲，性情刚烈，我们生性好斗。争地盘，抢食物，夺女友，两只雄锹甲碰在一起，不说话，只打架。

　　茂密的树林，是我理想的家；树皮下的夹缝，是我舒适的床。

我敢与昆虫界的"独角兽"——独角仙一决胜负。它有独角，我有双钳；它虽高大，我却威猛。

　　见到蜈蚣和蝎子我也不含糊，它们虽然有毒液，但遇到我这一身刀枪不入的盔甲，根本没用！

巨锯锹甲

学名: *Dorcus titanus*

俗名: 锹甲，扁锹

特征: 雌、雄通体棕褐或黑褐色，身体上下扁平。雄虫好斗，头部与前胸几乎等长。上颚异常发达，特化成一对带刺的锋利钳子。雌虫头部短小，上颚非特化。

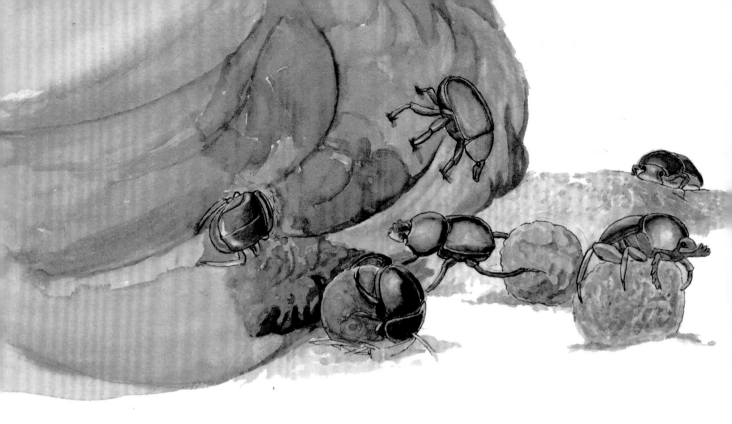

你好，我们是"臭名昭著""臭味相投"的屎壳郎。
哪里有新鲜的粪便，哪里就有我们辛劳的身影。

屎壳郎出国记

你去过澳洲吗？就是那个有袋鼠的地方。它们的粪便太干了，我们一点也不喜欢。所以，以前我们不生活在那里。

后来，澳洲开始养牛了。一大群一大群的牛，就有一大堆一大堆的牛粪，草原上堆满了牛粪，牧草没有生长的空间。

为此，人们就从非洲、欧洲和亚洲把我们请到了澳洲。好吧，论吃粪的本领，我们说第二，没有谁敢说第一。这个粪，我们吃定了！

从此，牛粪被我们消化后重新入土，肥沃了土壤，大草原又清新啦。

主曦蜣螂

学名：*Heliocopris dominus*

俗名：屎壳郎，推粪虫

特征：雌、雄通体黑褐色，稍带金属光泽。雄虫头部前方呈半圆形，中央有一排带刺的突起，前胸有尖锐角突。雌虫头部与前胸不具角突。以大象、牛等动物粪便为食，是重要的大自然"清道夫"。

我们推动的大粪球，相当于人推动一个三吨重的大铁球喔！

要问这般辛苦图的啥？

为后代提供丰衣足食、安全无忧的生存空间，可是我们每一对屎壳郎的神圣使命啊。

我们在粪球里出生、长大，
我们在粪球边恋爱、成家，
我们为了争夺粪球打架，
我们以粪球为家。

蜣螂妈妈先用扁扁的前足把粪球表面拍得又光滑又结实，然后拍出一个小包包，在里面产一粒卵。

为了使卵能呼吸空气，小包包顶端不是封死的，而是用大纤维松松的堵上。

里面装满软软的粪便，
足够蜣螂宝宝吃到长大。

粪球的外壳是坚硬的。

蜣螂宝宝孵出来之后，就一刻不停地吃啊吃，吃出一个大窟窿。

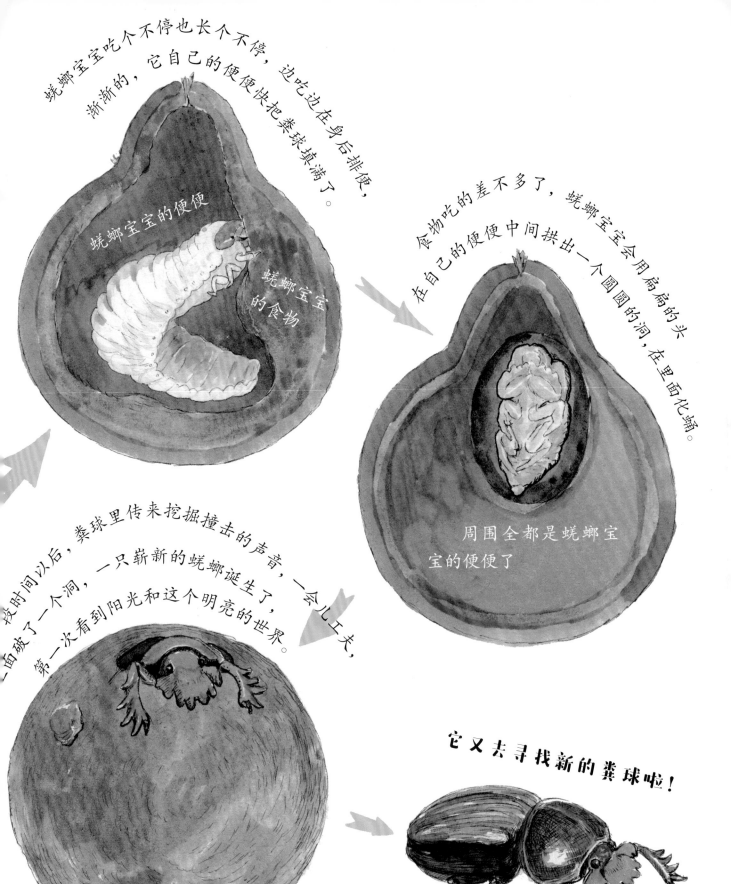

蜣螂宝宝吃个不停也长个不停，边吃边在身后排便，渐渐的，它自己的便便快把粪球填满了。

蜣螂宝宝的便便

蜣螂宝宝的食物

食物吃的差不多了，蜣螂宝宝会用扁扁的头在自己的便便中间拱出一个圆圆的洞，在里面化蛹。

周围全都是蜣螂宝宝的便便了

一段时间以后，粪球里传来挖掘撞击的声音，一会儿工夫，里面破了一个洞，一只崭新的蜣螂诞生了，第一次看到阳光和这个明亮的世界。

它又去寻找新的粪球啦！

星天牛

学名: *Anoplophora chinensis*
俗名: 牛头夜叉，花牯牛
特征: 雌、雄通体亮黑色，身体圆筒形，触角长，超过体长一倍以上，黑白相间；前胸背板有刺状突起，前翅基部有黑色小颗粒，翅面有醒目的白色星斑。幼虫蛀食梧桐树、柳树、杨树等多种树干，成虫咬食植物嫩叶。

头顶翎子，身披星斗，独步树叶，威风凛凛，这正是我星天牛的真实写照，像不像京剧中的潇洒武生？

超过身体的长触角，是我天牛家族的显要特征。

我们的伙伴几乎遍布全球。初夏时节，只要有树的地方，就有我们的踪影。不过，我们非常不受欢迎，因为我们会蛀咬树干、树叶。

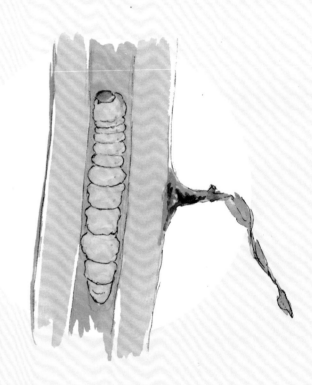

为了消灭我们，人们想尽办法。或者用灯光笼诱捕成虫，让我们安乐死；或者在树干上绑编织带，引诱我们产卵，再一锅端。但即便有一百种死法在前方等待着，我们仍然顽强地活着。

异色瓢虫

学名: *Harmonia axyridis*

俗名: 亚洲瓢虫,花大姐

特征: 体型小,仅 1–1.5 毫米大小,圆或半球形,头部小,几乎被前胸背板所覆盖。足短,鞘翅光滑,色泽鲜艳,通常有红、黄、黑等色斑,随环境而多变。幼虫和成虫均捕食蚜虫及其他昆虫卵和小型幼虫,以成虫越冬。

在前面几位甲虫大侠面前,我只是个毫不起眼的小不点。不过,我的身体虽然小,但盔甲并不小,能将我全身都罩住。作为瓢虫家族的一员,我也享受"花大姐"的美称。

我虫小技不穷,凭着变幻的迷彩盔甲、飞快的转移速度、海量的捕食胃口以及漫长的冬眠时段,我成为了蚜虫的超级杀手,是瓜果蔬菜安全生产不可或缺的守护神。

在吃蚜虫的瓢虫宝宝们

瓢虫宝宝一出生就可以
扑食蚜虫了

你没见过蚜虫？去看看你家的花盆，或者看看田里的庄稼吧！春末夏初，是蔷薇、月季等花卉绽放的时节，也是番茄、黄瓜等蔬菜疯长的时间，当然，也是蚜虫最开心的时候。如果叶片泛黄了，长斑了，卷曲了，枯萎了，那多半是有蚜虫了！

用杀虫剂？等等，你可以请我出场嘛！我就是蚜虫的克星。去网上兜一圈儿，买一张七星瓢虫或异色瓢虫的卵卡挂起来试试，你就可以亲眼观看"花大姐活吞蚜虫"的实景剧啦。

卵　　一龄幼虫　　二龄幼虫　　三龄幼虫　　蛹　　成虫

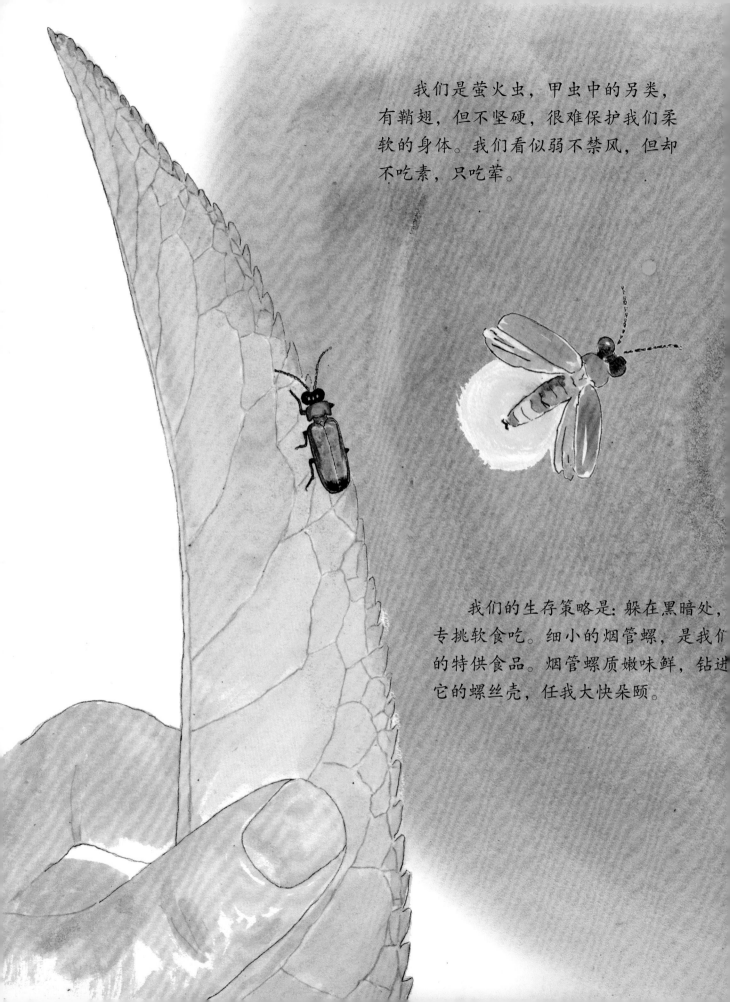

我们是萤火虫，甲虫中的另类，有鞘翅，但不坚硬，很难保护我们柔软的身体。我们看似弱不禁风，但却不吃素，只吃荤。

我们的生存策略是：躲在黑暗处，专挑软食吃。细小的烟管螺，是我们的特供食品。烟管螺质嫩味鲜，钻进它的螺丝壳，任我大快朵颐。

黄脉翅萤

学名：*Curtos costipennis*
俗名：萤火虫，火金姑
特征：身体狭长，鞘翅柔软。体长 5–7
毫米。头部黑色，身体其余为橙黄色，前
翅末端黑褐色。腹部近末端有两节带状
乳白色发光器，雄虫夜晚飞行时持续发
光。幼虫陆生，也能发光，捕食烟管螺
和蜗牛。江南一带，5 月中下旬开始，
成虫陆续羽化，盛发期为 6 月。

雄虫的尾部

雌虫的尾部

我们的另一个绝技，是用闪烁的
光语，寻找女友和知音。黑暗是我们
的庇护伞，微弱的冷光，只有在黑暗
中才能被同伴发现，我们因此也被唤
作"火金姑"。

江南的乡村，是我们祖辈曾经生活的地方。房前的水田，屋后的竹林，只要有荒野杂草，有枯枝落叶，有烟管螺和小蜗牛的地方，就会有我们的身影。

萤火虫公园

在上海奉贤金水苑林地，有一个废弃的村庄，现在已经成了萤火虫公园。如果你在 5 月中下旬以后去，说不定可以看到漫天飞舞的萤火虫，那是它们在举办集体婚礼呢。

烟管螺

在天气晴朗的黑夜，走进树林或竹林，找一块安全的地方坐下，关掉手电，仰望天空。你会看到，天上的星星瞪着大眼睛，眼前的萤火虫眨着小眼睛。那是一个极其美妙的时刻。

中华虎甲

学名: *Cicindela chinensis*

俗名: 引路虫，拦路虎

特征: 身体圆筒形，体色鲜艳，具金属光泽，每个鞘翅有三个蓝绿色近圆形斑纹，其上有浅色横纹；头部宽于前胸，复眼突出，视觉敏锐，上颚强大锐利，善捕食，足细长，善行走。幼虫深居垂直的洞穴中，在洞口等候猎物。

陆地上奔跑最快的动物是谁？你一会说是猎豹。不错，猎豹确实跑得快，它是大家伙呀。如果按每秒钟移动体长倍数来计算，我才是跑得最快的，甚至赛车还快。

我的双眼突出于头部，视野极广，被我发现的猎物，难以逃脱我的追击。

我是虎甲，一只虎头虎脑的甲虫，一只吃东西狼吞虎咽的甲虫。

即便是小时候，我也会躲在洞口，对路过的蚂蚁、蜘蛛等猎物搞突然袭击。没办法，我太能吃啦。

暂且把这一节腹部称为"屁股"，这屁股上的尖刺作用可大了。

圆圆的脑袋像个盖子，大牙超级厉害。

在地洞口狩猎时，脑门贴上泥土一动不动，谁都发现不了。

小虫子路过，一个黑影窜出来，"嗖"一下子就把小虫子咬住了。

　　虎甲宝宝的洞是竖条形的，看，宝宝的屁股卡在小凹槽里。屁股下方的刺，支撑它的身体保持直立。而屁股上方的倒刺，作用更大，如果虎甲宝宝遇到了力气很大的对手，这几根倒刺能卡住凹槽，使它不被对手拉出地洞。

见到我们，你一定像见到老朋友一样。
不错，我们就是最常见的甲虫——金龟子。

我们的盔甲在阳光下耀眼夺目，
有的金光闪烁，有的绿光动人，深受
孩子们的喜欢，常被当作活风筝玩。

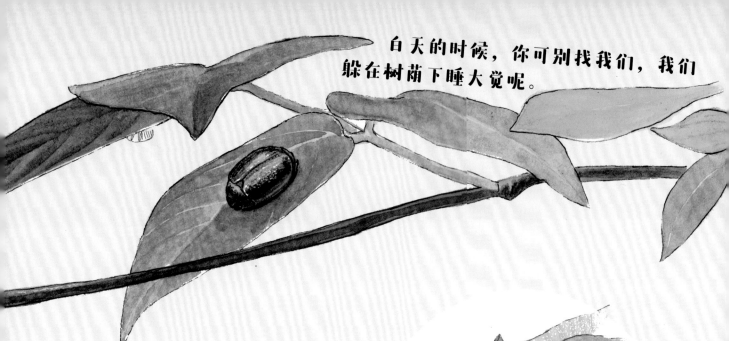

白天的时候，你可别找我们，我们躲在树荫下睡大觉呢。

就算你找到我们，我们也会跌落到地面，一动不动地装死。我们可不是针对你，谁让有些家伙要吃活的呢。

夏日的时候，如果你想要和我们亲密接触，给块西瓜就行。我们会像小型直升机一样乖乖停下来，张开锋利的大颚，尽情享用。

黑夜到来后，你去有灯光的地方找我们吧，我们都在那里聚会呢。不过，有人听到这个信息，也会把我们一网打尽呢！

铜绿丽金龟

学名：*Anomala corpulenta*

俗名：金壶虫，金龟子

特征：成虫圆鼓形，体长20毫米左右，通体光滑，铜绿或古铜色，有金属光泽。触角鳃叶状，前胸背板及鞘翅有细密刻点，鞘翅间有一三角形小盾片。

看到现在，你肯定已经发现了，我们甲虫虽然长得威武帅气，但并不是个个都讨人类的喜欢。吃植物、毁庄稼，我们也是要生存的嘛。

如果你想采集甲虫，做几件盔甲战士的标本，一定保证抓的都是害虫哦。

自制采集瓶

拿一个塑料饮料瓶，剪下狭窄的颈部。

将塑料饮料瓶颈部倒过来安置进瓶身，变成漏斗瓶，并用胶带将接口处封住。

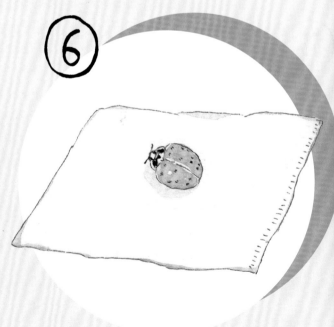

将酒精或白酒倒进漏斗瓶，使甲虫窒息死亡。

将已死亡的甲虫取出，用卫生纸吸干水分，置于室内通风处晾干。

③

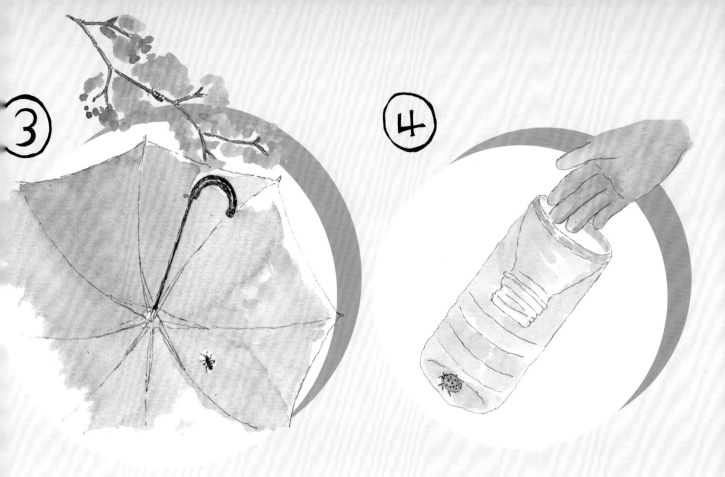

撑开一把伞，手柄朝上，置于植株下方；抖动枝叶，让甲虫直接跌到伞内。

④

将跌落的甲虫放入漏斗瓶。

⑦

Harmonia axyridis
(Pallas 1773)

地点：鲁迅公园
时间：2019. 7. 15
中名：异色瓢虫
于石楠叶片背面

将干燥的甲虫，用白胶水粘在卡片上，并为每一个标本贴上标签，如采集地点、时间、虫名等信息。

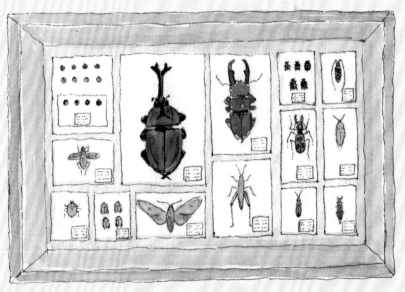

⑧

将贴有标签的甲虫标本，有序地放进一个透明的储物盒，以便观赏。

发现萤火虫
（改编自"城市荒野工作室"网络信息）

地点：上海奉贤南桥镇新城

日期：2016 年 5 月 10 日

时间：19：30 — 21：30

天气：晴天

观察记录：

听说奉贤有大片的黄脉翅萤，晚饭后，我们一行跟随萤火虫志愿者姜龙老师，来到奉贤南桥镇附近一处无人居住的村庄。

我们步行在村庄中一条黑暗的小路上，突然，在广玉兰林下的一片落叶中，露出一抹诡异的、持续发亮的光，比黄脉翅萤光要亮许多。走近一看，是一条肥硕的浅黄色"幼虫"，旁边还有一只翅膀黑色的萤火虫与它咬在一起。

好奇怪！这肯定不是黄脉翅萤。这是哪种萤火虫呢？我赶紧拍下它的栖息场所和虫的照片，请教萤火虫专家。

经华中农业大学的付新华教授鉴定，这是一种雌光萤，旁边的"幼虫"其实是个幼虫状的雌虫呢！这种萤火虫以前从未在上海发现过。这可是上海的一个新记录啊！

照片：

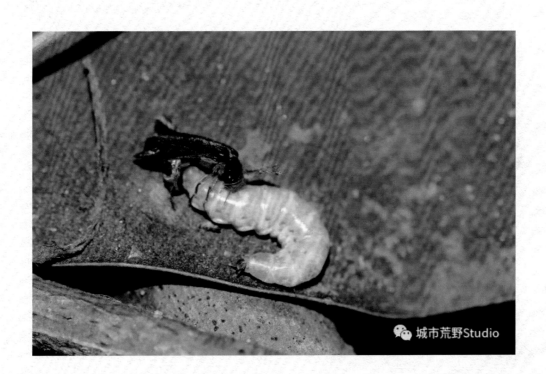

自然笔记

主题：

地点：

日期：

时间：

天气：

观察记录：

手绘图画或照片：